INFLUENCE

DU

SYSTÈME NERVEUX

SUR LES PHÉNOMÈNES PHYSICO-CHIMIQUES

DE LA VIE DE NUTRITION

Tb 43
12

Paris. — PARENT, imprimeur de la Faculté de Médecine, rue Monsieur-le-Prince 31

INFLUENCE

DU

SYSTÈME NERVEUX

SUR LES PHÉNOMÈMES PHYSICO-CHIMIQUES

DE LA VIE DE NUTRITION

PAR

Le Dr Fulgence ROUET

Ex-interne provisoire des hôpitaux de Paris,
Ancien préparateur de cours du chef des travaux anatomiques.

BIBLIOTHÈQUE IMPÉRIALE IMPR.
7475

PARIS
ADRIEN DELAHAYE, LIBRAIRE-ÉDITEUR
PLACE DE L'ÉCOLE DE MÉDECINE

1865

INFLUENCE
DU SYSTÈME NERVEUX
SUR LES PHÉNOMÈNES PHYSICO-CHIMIQUES
DE LA VIE DE NUTRITION

« On ne saurait admettre que les nerfs aient, sur les phénomènes chimiques de l'organisme, une action directe ; ils ne les modifient qu'indirectement, en vertu de leur influence sur les agents mécaniques de l'organe sécréteur ou des agents circulatoires qui s'y distribuent. »

(CL. BERNARD, *Système nerveux*, t. I, p. 464.)

INTRODUCTION

A propos du système nerveux on peut traiter, des objets les plus élevés peut-être de nos connaissances, aller d'un côté jusqu'aux relations de l'esprit avec la matière, tandis que de l'autre, on touche aux fonctions les plus simples et les plus familières de l'organisation. Si dans les phénomènes nerveux on pouvait rendre raison de tout, expliquer toute chose, les causes comme les effets, les bien connaître ne serait plus savoir une partie de la science, ce serait presque savoir toute science, et en particulier la philosophie proprement dite, car la sensibilité connue dans ses profondeurs supposerait une science complète de l'être. Malheureusement nous n'en sommes pas là, et il faut se dire que la science contient, qu'elle contiendra sans doute bien des parties mystérieuses.

Dans la simple action de lever le bras, il faudrait, pour ne rien laisser d'obscur, expliquer le raisonnement qui nous y porte, la volonté qui en décide, la transmission de la volonté qui fait enfin contracter les muscles. Rendre clairement compte de tout cela serait impossible, mais on peut distinguer les divers phénomènes, écarter d'abord ceux qui sont de la compétence de la physique et qui s'expliquent par la théorie du levier, puis laisser la pensée et le raisonnement dans le domaine de la philosophie, et garder pour la physiologie la transmission de la volonté aux muscles qui doivent se contracter.

On conçoit ainsi qu'il y a deux manières de s'occuper du système nerveux : on peut rechercher les causes des forces qu'il met en jeu, ou bien seulement les manifestations de ces forces et les conditions de leur développement. La première étude est du domaine des philosophes, et il faut convenir qu'elle est toujours très-obscure ; la seconde, mal étudiée jusqu'au siècle dernier, ne peut manquer de grandir de jour en jour, car elle marche sur un terrain solide, c'est le terrain de l'expérimentation.

Ici, je n'ai pas l'intention de m'occuper du système nerveux comme siége des idées et agent de la volonté, je laisserai également de côté les propriétés des nerfs sensitifs et des nerfs moteurs de la vie de relation; et je ne m'occuperai que de cette partie du système nerveux qui préside au jeu des organes de la vie de nutrition, c'est le système nerveux dit *grand sympathique* dont les irradiations prennent le nom de filets nerveux *vaso-moteurs*. Dans l'étude du sympathique, je ne considérerai encore que la puissance qu'il a sur les muscles de la vie organique, et les conséquences, qui résultent de ces mouvements relativement aux phénomènes physico-chimiques dont le nerf grand sympathique est le régulateur.

Mais avant d'entrer dans les détails, je crois utile, pour la clarté de mon sujet, de dire quelques mots sur la *contractilité*, et ensuite d'exposer brièvement le *parallèle entre la vie considérée chez les végétaux et la vie considérée chez les animaux*.

Les muscles, soit de la vie de relation, soit de

la vie organique, bien qu'en se contractant sous l'influence nerveuse, sont indépendants des nerfs et ont, pour ainsi dire, une vie spéciale. Ce ne sont point des substances inertes qui se contractent, comme le croient les enfants, lorsque les nerfs tirent les fibres qui les composent ; ils doivent bien aux nerfs leur sensibilité, mais la contractilité des muscles est indépendante et leur est essentielle. Cette contractilité, ou, si l'on veut, cette irritabilité (car ici la science est tellement obstruée de mots qu'il faut les prendre un peu au hasard pour ne point se perdre dans de stériles distinctions), se manifeste après toute excitation mécanique, électrique ou nerveuse. Haller connaissait cette propriété, mais il l'avait plutôt devinée que démontrée (1) ; aujourd'hui elle est hors de doute depuis les belles expériences de M. Claude Bernard avec le curare qui paralyse le muscle tout en respectant le nerf moteur (2).

Avant de m'occuper des conditions de la vie de nutrition dans l'animal, comme les mêmes phénomènes existent dans les végétaux, je vais dans un court parallèle, signaler les différences qui

(1) Haller, *Experimenta de partibus corporis humani sentientibus et irritabilibus*. Lausanne, 1756.

(2) Cl. Bernard, *Analyse physiologique des propriétés des systèmes musculaire et nerveux au moyen du curare*. (Comptes rendus de l'Académie des sciences, 3 novembre 1856.)

existent au point de vue des conditions d'activité des actes nutritifs dans l'un et l'autre règne; je n'indiquerai dans ce parallèle, que ce qui touche au sujet que je traite (1).

Les végétaux naissent, se développent et se reproduisent, ensemble d'actes que Bichat, dans des pages sublimes, a qualifiés du nom de vie végétative. Outre la naissance, le développement et la reproduction, les animaux nous présentent des actes nerveux et musculaires, et ces derniers phénomènes dominent et règlent chez eux les phénomènes végétatifs; ces deux nouvelles propriétés vitales caractérisent la vie animale, dont la plus haute expression porte les noms de sensibilité, d'intelligence, de volonté, et dont les premières manifestations portent les noms de *sensibilité organique* déterminant un mouvement involontaire appelé du nom de *mouvement réflexe*.

Je signale dès ce moment que les phénomènes chimiques qui caractérisent la nutrition et la sécrétion existent à la fois chez les animaux, et chez les végétaux, et que par conséquent leur

(1) Consulter pour plus de détails :

P. Bérard, *Cours de physiologie*, t. I, Prolégomènes, p. 144. Paris, 1848.

Bichat, *Recherches physiologiques sur la vie et la mort*, 5e édit., revue par Magendie. Paris, 1829.

condition d'existence n'a besoin ni de l'influence nerveuse ni de l'influence musculaire.

Dans les plantes, le mouvement des liquides ne se fait qu'en vertu de forces *extérieures* à la plante (chaleur solaire), ou de forces tout à fait physiques (capillarité des vaisseaux, évaporation de l'eau par les feuilles, etc., etc).

Dans les animaux le mouvement des humeurs est réglé par une force *résidant dans l'animal lui-même*, ce qui rend ces êtres plus ou moins indépendants du milieu cosmique au sein duquel ils vivent. Cette force intérieure a pour organes les systèmes sensitif et moteur ; aussi M. Vulpian ne regarde les nerfs et les muscles que comme des appareils de perfectionnement (1).

Ainsi donc, ce qui différencie jusqu'ici l'animal du végétal, c'est seulement l'agent qui détermine les nutritions et les sécrétions ; mais tous produisent des principes immédiats. On a cru longtemps que les végétaux seuls produisaient des principes immédiats, et que ces principes une fois formés passaient ensuite, par les voies ordinaires de la nutrition, dans le corps des animaux qui se nourrissaient de ces plantes. Comme conséquence de

(1) Vulpian, *Le système nerveux considéré comme appareil de perfectionnement chez les animaux. — Comparaison avec les végétaux.* Cours du Muséum ; juillet 1864.

ces idées, on comparait les végétaux à des appareils de réduction, et les animaux à des appareils de combustion ; les premiers « préparaient toutes les substances que les animaux devaient brûler ensuite (1). » Voilà autant d'idées auxquelles il faut renoncer, autant d'opinions sans fondement sérieux qui ne sont plus admissibles aujourd'hui. Les animaux, tout comme les végétaux, préparent des principes immédiats : c'est un point bien démontré. Chaque être est complet en lui-même et ne dépend pas directement des autres pour accomplir les fonctions essentielles de la vie; chaque être enfin, présente également ces deux parties de la fonction générale de nutrition, ces deux faces d'un même phénomène qui s'appellent réciproquement et ne se conçoivent pas l'un sans l'autre, à savoir : l'assimilation et la désassimilation.

C'est donc à tort qu'on a voulu considérer les végétaux comme faits pour les animaux. Les végétaux sont faits pour eux-mêmes tout aussi bien que les autres êtres, et ils vivent à leur manière d'une façon parfaitement indépendante. Sans doute les plantes peuvent être et sont en fait utilisées par les animaux pour leur nourriture;

(1) Dumas, *Leçons de philosophie chimique*, professées au Collége de France, recueillies par Bineau. Paris, 1837.

mais cela ne prouve rien, car il y a bien aussi des animaux qui servent à en nourrir d'autres, des herbivores qui sont dévorés par des carnivores, mais on ne peut en conclure que les premiers sont faits pour les seconds.

Je me résume en disant : 1° chaque être vit pour son propre compte et porte sa fin en lui-même, bien qu'il occupe sa place dans l'ensemble du monde sans en troubler l'harmonie ; et comme conséquence : tout être vivant, quel qu'il soit, peut produire les principes immédiats essentiels à son existence ; c'est ce que je développerai plus au long en parlant des organes premiers de la vie de nutrition.

2° Ce qui différencie surtout le végétal de l'animal, c'est que les conditions de l'activité vitale du premier sont réglées par des forces extérieures (chaleur solaire), ou tout à fait physique, (capillarité, évaporation), tandis que chez l'animal ces conditions sont imposées par le système vaso-moteur ; et encore cela n'est-il tout à fait vrai que pour les mammifères et les oiseaux, c'est-à-dire pour les animaux à température fixe ; tous les autres animaux (animaux à température variable) se rapprochent de plus en plus de ce que l'on voit dans le règne végétal.

Je suis heureux de pouvoir corroborer ces idées

par celles d'un de mes maîtres pour lequel j'ai la plus profonde admiration, je veux parler du professeur Claude Bernard; le texte que je vais citer est extrait d'un article tout récent (1er août 1865), dans lequel le grand physiologiste révèle ses opinions philosophiques, c'est pour moi une nauvelle occasion de saluer son beau génie : « Par « suite d'un mécanisme protecteur plus complet, « l'animal possède et maintient en lui, dans un « *milieu intérieur* qui lui est propre, les conditions « d'humidité et de chaleur nécessaires aux mani- « festations des phénomènes vitaux. L'organisme « de l'animal à sang chaud, étant suffisamment « protégé, n'entre que très-difficilement en équi- « libre avec le *milieu extérieur ;* il garde en quelque « sorte ses organes en serre chaude, et il leur « conserve ainsi leur activité vitale. C'est de même « que nous voyons, dans les serres de nos jardins, « se manifester une activité vitale végétative indé- « pendante des chaleurs et des frimas extérieurs, « mais liée cependant d'une manière intime et « nécessaire aux conditions physico-chimiques de « l'atmosphère intérieure de la serre (1). »

(1) Cl. Bernard, *Du progrès dans les sciences physiologiques*, p. 641 (*Revue des Deux-Mondes*, 1er août 1865.)

PREMIÈRE PARTIE

ORGANES PREMIERS

DE LA VIE DE NUTRITION

« L'organisme vivant n'est qu'une machine admirable, douée des propriétés les plus merveilleuses, mise en action à l'aide des mécanismes les plus complexes et les plus délicats. »

(CL. BERNARD, *Du progrès dans les sciences physiologiques*, p. 646; *Revue des Deux-Mondes*, 1er août 1865.)

Dans cette première partie de ma thèse, je m'occuperai des petits organes élémentaires qui jouent un rôle si actif dans la vie de nutrition; je ne ferai que les présenter à l'état statique; c'est dans la deuxième partie de cette thèse que je les montrerai à l'état d'activité.

Bichat, dans ses *Recherches sur la vie* et dans son *Anatomie générale*, divise les fonctions en celles de relation, celles de nutrition et celles de reproduction (1); cette division s'est maintenue et est

(1) Bichat, *Anatomie générale*, éd. Blandin, t. I, p. CII, p. 1, et t. III, p. 1. Paris, 1831.

aujourd'hui reçue par tout le monde; mais il n'a pas été aussi heureux dans la division qu'il a faite à propos de l'étude des tissus. Voici cette division : 1° systèmes communs à tous les appareils (on y voit figurer les tissus cellulaire, nerveux, vasculaire, lymphatique); 2° systèmes particuliers à quelques appareils (là se trouvent les systèmes osseux, musculaire, glanduleux, etc., etc.).

Or, on sait aujourd'hui que chaque tissu figure dans chacun des trois grands appareils, et que, partout où se trouve un tissu, il y apporte ses qualités spéciales et toujours les mêmes; mais il n'en a pas moins une action dans la grande fonction dont il n'est qu'un élément.

A ce propos, M. Milne-Edwards a établi une loi ainsi formulée : « La diversité dans les résultats, et l'économie dans les moyens d'exécution, semblent être les premières conditions imposées à la nature dans la constitution du règne animal (1). »

Relativement à la vie de nutrition, trois éléments spéciaux sont là en présence :

1° Un élément mécanique, c'est la fibre contractile, si abondante dans les capillaires de la troisième et de la deuxième variété;

2° Un élément dynamique, c'est la fibre nerveuse qui, sous le nom de nerfs vaso-moteurs, se trouve autour des capillaires;

(1) Milne-Edwards, *Introduction à la zoologie générale*, 1re partie, p. VII. Paris, 1851.

3° Un élément chimique, ce sont les éléments anatomiques qui président aux sécrétions.

Mais, comme l'a indiqué M. de Blainville (1), dans tout organisme vivant il faut tenir grand compte de l'élément *milieu intérieur*, c'est-à-dire du sang qui, outre les conditions de température qu'il porte au milieu des tissus, leur présente encore les aliments dissous dans l'eau qui leur sert de véhicule, et l'air fixé par des globules organiques spéciaux.

Ce sont ces considérations qui m'ont engagé à traiter successivement des capillaires, des nerfs vaso-moteurs, des glandes, du sang.

DES CAPILLAIRES.

Les capillaires sont des tubes très-fins qui forment des réseaux d'une richesse étonnante dans les organes doués d'une grande vitalité : les glandes, les muscles, la substance grise de l'encéphale, par opposition au tissu lamineux et aux autres tissus qui, par leur fonction moins énergique, réclament une nutrition moins active.

Pour les anatomistes, les capillaires commencent, selon les uns, aux vaisseaux qui n'auraient qu'un demi-millimètre de diamètre; selon les

(1) Blainville, *Histoire des sciences de l'organisation et de leurs progrès comme base de la philosophie ;* leçons faites à la Sorbonne de 1839 à 1841, rédigées par Maupied. Paris, 1848.

autres, aux vaisseaux qui auraient $0^{mm},1$. Ces capillaires font suite aux artérioles, d'une part, et s'abouchent dans les veinules d'autre part; ce sont les capillaires que mon maître, M. Ch. Robin, appelle capillaires de la troisième variété. Mais, pour les physiologistes, la limite des capillaires n'est pas bien tranchée, et, d'ailleurs, cette séparation des capillaires d'avec le reste du système sanguin est sans applications utiles.

Relativement à leur structure, voici quelles sont les idées du professeur Robin :

La *première variété* de capillaires est composée de ceux dont le calibre est le plus fin (0,007 à 0,030 de millimètre); leur paroi est formée par une seule tunique, homogène, amorphe, hyaline, transparente, avec des noyaux longitudinaux et ovoïdes dans l'épaisseur même de la paroi. C'est le capillaire par où se font les échanges, soit pour la nutrition, soit pour les sécrétions internes.

La *seconde variété* comprend les capillaires, qui ont de $0^{mm},03$ à $0^{mm},07$. Ceux-là ont deux tuniques dont la plus profonde est la continuation de la tunique à noyaux longitudinaux de la première variété; et la plus superficielle est formée par des fibres cellules dont la direction est perpendiculaire à la longueur du vaisseau, par conséquent perpendiculaire aux noyaux longitudinaux de la première variété.

Enfin, la *troisième variété* renferme les capillaires

ayant de $0^{mm},07$ à $0^{mm},01$; ils offrent trois tuniques superposées. Au-dessus des deux tuniques précédentes existe, en effet, une couche à fibres longitudinales, composée de fibres lamineuses et de fibres élastiques; c'est le vestige manifeste de la tunique adventice des artères (1). Ainsi il y a d'abord des vaisseaux continuant les artères et présentant la même constitution; leur enveloppe est donc formée par trois membranes superposées; un peu plus loin domine, de plus en plus, la membrane contractile qui devient, dès lors, la membrane la plus importante. Ces petites artères aboutissent elles-mêmes à d'autres vaisseaux capillaires qui n'ont plus de tunique contractile, et qui sont formés uniquement par l'enveloppe excessivement mince que nous avons décrite.

Puis viennent les veinules, d'abord fort étroites, et qui se continuent successivement avec des canaux plus considérables : ce sont les veines qui ramènent le sang au cœur d'où il était parti.

Mais les artérioles ont aussi, avec les veinules, des communications *directes*, grâce auxquelles le sang peut arriver dans le système veineux sans passer par les petits vaisseaux capillaires à une seule paroi; or, c'est dans cette dernière espèce

(1) Robin, *Notes du cours d'histologie.* — Consulter :
Henle, *Anatomie générale*, t. II, p. 54, édit. Jourdan. Paris, 1843.
A. Segond, *Le système capillaire sanguin.* Thèse d'agrégation; Paris, 1853.
Longet, *Traité de physiologie*, t. I, p. 857. Paris, 1861.

de canaux que s'accomplit le phénomène de l'endosmose, au milieu des tissus généraux pour la nutrition, ou avec les glandes pour les sécrétions et les excrétions.

Les communications directes entre les artérioles et les veinules sont maintenant bien établies dans la science; M. Cl. Bernard a déjà constaté des rapports de ce genre dans le foie, entre la veine-porte et les veines sus-hépatiques; Virchow en a observé de semblables dans la rate, et plusieurs expérimentateurs ont vérifié les mêmes faits sur d'autres organes glandulaires. Il y a donc, en quelque sorte, un double système capillaire, une double voie circulatoire offerte au sang qui doit passer des artères dans les veines, savoir : 1° une voie directe par ces canaux contractiles qui établissent des anastomoses entre les capillaires de la deuxième variété, et qui réunissent directement les deux grands arbres artériel et veineux; 2° l'autre voie, plus détournée, passant par les vaisseaux capillaires de la première variété, vaisseaux à une seule paroi et conséquemment non contractiles. C'est par ces derniers capillaires que s'accomplit le phénomène de l'endosmose, le phénomène de la nutrition, des sécrétions, des excrétions. Le sang peut donc se transporter d'une artériole dans une veinule sans traverser les derniers capillaires, où commencent les échanges de la nutrition.

A la connaissance de la structure des capillaires,

se rattache celle de leurs *propriétés physiologiques*, et surtout de la plus importante, la *contractilité*, « force par laquelle les vaisseaux peuvent régler la quantité de sang qui circule à leur intérieur (1). »

On avait observé, depuis longtemps, que les vaisseaux étaient contractiles; Glisson (2) le proclamait déjà au XVIIe siècle; et, au siècle suivant, on faisait même de cette contractilité des vaisseaux une objection aux idées de Haller qui localisait, comme on sait, la propriété contractile dans la substance musculaire (3). Haller niait ces phénomènes qu'il ne croyait pas pouvoir faire rentrer dans son système général; mais, s'il vivait aujourd'hui, il verrait qu'ils y rentrent parfaitement, puisqu'il y a dans les parois des vaisseaux des fibres musculaires nettement décrites et bien connues.

Magendie avait protesté contre cette idée de la contractilité des vaisseaux, et il ne voulait leur reconnaître que l'élasticité; il expliquait ainsi la béance des artères et leur retour à leur calibre primitif quand on cessait de les dilater (4); cela est toujours vrai pour les grosses artères, mais

(1) Marey, *Circulation*, p. 134; note.

(2) Glisson, *Tractatus de naturâ substantiæ energeticâ*. Londini, 1672.

(3) Haller, *Experimenta de partibus corporis humani sentientibus et irritabilibus*. Lausanne, 1756.

(4) Magendie, *Phénomènes physiques de la vie*; leçons professées au Collége de France. Paris, 1842.

cela est déjà faux quand on étudie les artérioles.

Il est démontré aujourd'hui (1) que les vaisseaux capillaires sont très-contractiles, contrairement aux opinions qui ont longtemps régné sur ce point. La description anatomique de ce système capillaire nous l'aurait, au reste, prouvé clairement.

Quant aux influences qui peuvent faire contracter les petits vaisseaux, elles sont absolument les mêmes que celles qui excitent les muscles de la vie animale ; les unes agissent sur la fibre lisse qui constitue les capillaires (froid, électricité, astringents), les autres sur le système nerveux qui les anime (digitaline, vératrine, cicutine, nicotine, atropine, sulfate de quinine, émétique, froid, etc., etc.). C'est que, en effet, ces fibres musculaires sont en rapport avec des nerfs spéciaux auxquels Stilling a, en 1840, donné le nom de nerfs vaso-moteurs.

Mais ces vaisseaux reçoivent, en outre, des nerfs sensitifs spéciaux, dont je renvoie la description à propos de l'étude des nerfs des vaisseaux capillaires. Je me contenterai, pour le moment, de dire que ces nerfs sensitifs réagissent par *action*

(1) *Archives de Muller*, p. 422 ; 1847.

Brown-Séquard, *Paralysies*, p. 24. Je lis ceci : « Il est maintenant bien établi que les vaisseaux sanguins se contractent avec énergie, et parfois même sont saisis d'un spasme réel et prolongé, soit par une influence directe de leurs nerfs moteurs, soit par une excitation qui de quelque nerf centripète ou excito-moteur, a été réfléchie sur eux par l'axe cérébro-spinal. »

réflexe sur les nerfs vaso-moteurs, et il en résulte un état de tonicité particulière ou de demi-contraction constante des fibres musculaires des vaisseaux. Tous les muscles possèdent, du reste, un état propre de tonicité. Il y a donc un ton des vaisseaux, comme il y a le ton musculaire ordinaire, comme il y a le ton des sphincters, etc. Cette tonicité particulière des muscles tient surtout au système nerveux sensitif et se produit par des actions réflexes constantes, provenant des actions réflexes des nerfs de la peau ou d'autres parties sensitives, internes ou externes, du corps.

Ces actions réflexes sur les vaisseaux ont une grande importance dans les explications médicales. C'est par elles qu'on peut expliquer l'action des traitements hydrothérapiques. Le froid appliqué aux surfaces épidermiques est, en effet, un des excitants les plus convenables pour amener, par son action réflexe, le resserrement des vaisseaux sanguins.

C'est par elles encore que nous expliquons : les effets de la peur ou de la douleur sur certaines sécrétions (1), la syncope, suite d'impressions morales; les sécrétions intermittentes et leur dépendance du système nerveux.

(1) M. Jobert (de Lamballe) a rapporté dans sa *Chirurgie plastique* des cas d'opération de fistules vésico-vaginales dans lesquelles, par suite de l'émotion, l'écoulement de l'urine avait été suspendu pendant toute la durée de l'opération et quelquefois même bien au delà.

La constitution anatomique des capillaires étant bien établie, je laisse là leur histoire, et, un peu plus loin, je déterminerai les conséquences qui peuvent résulter d'une telle disposition au point de vue des phénomènes physiques et chimiques de la vie de nutrition.

DES NERFS VASO-MOTEURS ET DES CENTRES D'ACTIONS RÉFLEXES.

Pour avoir des idées justes sur cette matière, il ne faut pas remonter au-delà de Sénac, voici ce qu'il écrivait en 1777 (1): « La force attachée au tissu des artères est dépendante des fibres musculaires sur la réalité desquelles on a voulu jeter quelques soupçons. »

Plus loin il ajoute : « Des nerfs sans nombre se distribuent à toutes ces fibres ; voyez les plexus mésentériques, ils embrassent de grandes artères, se divisent comme elles et leur envoient des filets qui les accompagnent jusqu'aux dernières ramifications. Or, que nous annonce tout cet appareil ? Une puissance qui domine les autres. »

Les auteurs modernes ne disent pas mieux ; voici comment s'exprime M. le professeur Longet, en 1861 : « Les nerfs qui animent les capillaires sont ceux dont nous avons parlé assez longuement à propos des artères : si le scalpel ne

(1) Sénac, *Traité de la structure du cœur*, 2e édit., t. II, p. 193. Paris, 1777.

peut les suivre assez loin sur les vaisseaux, l'expérimentation physiologique a révélé leur influence (1). »

Je n'ai pas besoin de dire que je ne prétends nullement traiter tout au long ce qui a rapport aux nerfs vaso-moteurs ; dans ce sujet qui est encore à l'étude, je me jugerai déjà fort heureux si je puis présenter quelque ordre dans mon exposition (2).

Je laisserai de côté ce qui se rapporte à l'anatomie de ces nerfs ; je me contenterai, après les avoir définis, d'indiquer leur origine, et à ce propos je dirai un mot des centres des actions réflexes ; puis j'esquisserai le mode d'action des vaso-moteurs sur les muscles des capillaires.

Qu'est-ce que les nerfs vaso-moteurs ? Ce sont des filaments nerveux, d'aspect grisâtre, qui animent les fibres musculaires contractiles comprises dans les parois des vaisseaux, et président au mouvement du sang en réglant le calibre des capillaires.

(1) Longet, *Traité de physiologie*, t. I, p. 864. Paris, 1861.

(2) Consulter :

Valentin, *De func. nervor. cerebral. et nervi sympath.*, p. 2. Bernæ, 1839.

Longet, *Anatomie et physiologie du système nerveux*, t. I, p. 319, 398 ; t. II, p. 572, 583. Paris, 1842.

Dupré, *Développement et structure du système nerveux*. Thèse de concours ; Paris 1856.

De Barrel de Pontevès, *Des nerfs vaso-moteurs et de la circulation capillaire*, p. 28. Thèse de Paris, 1864, nº 132.

Littré et Robin, *Dictionnaire*, art. SYMPATHIE et RÉFLECTIF

Leur origine apparente est dans les ganglions du grand sympathique. (Ganglions cœliaque, plexus cardiaque, ganglions de la chaîne du grand sympathique).

Leur origine réelle est dans la moelle.

Certains physiologistes prétendent qu'il n'y a qu'une seule espèce de nerfs moteurs, et que les nerfs moteurs des membres et des vaisseaux ont la même origine dans la moelle épinière, mais il est bien certain que les nerfs vaso-moteurs sont tout à fait distincts des nerfs moteurs ordinaires, bien qu'il y ait souvent des anastomoses entre ces deux genres d'organes nerveux. M. Cl. Bernard n'a-t-il pas montré clairement que chaque muscle reçoit deux ordres de nerfs moteurs, les uns qui président à la contraction des muscles ; ce sont les nerfs moteurs ordinaires ; les autres qui animent les fibres contractiles des vaisseaux et règlent ainsi leur calibre : ce sont les nerfs vaso-moteurs. Le curare, en montrant que les nerfs vaso-moteurs peuvent être paralysés indépendamment des autres nerfs moteurs, prouve par là même qu'ils forment un système séparé; et la pathologie ne vient-elle pas confirmer cette idée, lorsqu'on sait que la fièvre est une paralysie des nerfs vaso-moteurs due à des influences naturelles qui agissent dans le même sens que le curare, ou que la section des filets du grand sympathique, c'est-à-dire en paralysant les capillaires, d'où leur dilatation, l'afflux du sang, la chaleur, la rougeur, etc., etc., phénomènes qui seront locaux ou généraux suivant que la cause paralysante aura agi elle-même sur une partie limitée des nerfs vaso-moteurs, ou sur le système entier (1).

C'est d'après l'action paralysante du système cérébro-spinal sur le grand sympathique que M. Cl. Bernard a établi sa théorie du mécanisme des sécrétions, telle est aussi la clef qui nous permet de comprendre comment certaines influences morales peuvent rendre momentanément un animal diabétique, fait que l'on a observé plusieurs fois à la suite de grandes colères.

En piquant la moelle épinière, on provoque des mouvements, mais des mouvements différents, suivant l'endroit auquel on la pique. M. Schiff a pu déterminer les parties de la moelle épinière d'où émergent les nerfs vasculaires des différentes régions des membres et du tronc (2). Ainsi, quand la blessure est produite à la hauteur du bras, on obtient des mouvements particuliers dans ces membres, parce qu'il y a là un centre spécial (3). Il y a, du reste, dans la moelle épinière bien d'autres centres encore pour les ac-

(1) Trousseau, *Leçons cliniques sur le goître exophthalmique*; 8 mars 1864.

(2) Schiff, *Comptes rendus de l'Académie des sciences*, septembre 1862.

(3) Brown-Séquard et Tholosan, *Journal de la physiologie*, t. 1, p. 497; 1858.

tions réflexes, par exemple, le *centre respiratoire* appelé aussi *nœud vital*, parce que les animaux supérieurs périssent aussitôt que ce point est atteint d'une manière quelconque (1). Un peu audessus de l'origine du nerf pneumogastrique se trouve le *centre du système grand sympathique du foie ;* c'est ce point, en effet, qui préside à la plupart des actions du grand sympathique, et notamment à celles qui se produisent dans les filets nerveux se distribuant au foie (2). Nous pouvons citer encore le *centre cilio-spinal* placé à la hauteur des deux premières racines rachidiennes dorsales ; il y a aussi le *centre génito-spinal*, situé derrière la région lombaire, centre d'où partent les nerfs de la vessie, des organes génitaux et des partie voisines. Enfin, il y a des centres distincts pour certaines actions réflexes dans le cerveau lui-même, et surtout il y a là le *centre général* qui domine tous les autres.

Malheureusement l'étude des centres des actions réflexes est restée jusqu'ici fort obscure; les expérimentateurs l'ont peu explorée, et c'est à peine si de loin en loin quelques rares accidents ont permis de faire sur l'homme d'utiles observations. Laissons donc le temps faire son œuvre, et attendons que tout cela s'éclaircisse un peu.

(1) Flourens, *Rech. expériment. sur les fonct. et les propr. du syst. nerveux*, 2e édit., p. 181. Paris, 1842.

(2) Cl. Bernard, *Mécanisme de la formation du sucre dans le foie.* Compt. rend. de l'Inst. 1855 ; 12 mars, 13 avril, 24 septembre.

En résumé, le système vasculaire est soumis à l'influence de deux systèmes nerveux plus ou moins distincts (1) : le système du grand sympathique et le système cérébro-spinal ; établissons donc de suite quel est le rôle de chacun d'eux. Le premier, c'est-à-dire le grand sympathique, joue le rôle de modérateur de la circulation ; en l'irritant on produit un resserrement plus ou moins considérable des vaisseaux capillaires, resserrement qui apporte une certaine entrave à la circulation générale ou locale ; c'est ce que nous exposerons plus en détail dans la deuxième partie de notre thèse, chapitre Ier. Au contraire, en excitant les filets du système cérébro-spinal, on provoque la dilatation des capillaires, ce qui entraîne comme conséquence l'afflux du sang dans ces tubes dilatés ; là est tout le mécanisme des sécrétions, c'est ce que nous dirons plus longuement dans la deuxième partie, chapitre II.

DES GLANDES.

Le troisième élément organique qui figure dans la vie de nutrition c'est l'élément sécréteur, ordinairement appelé élément glandulaire ; nous n'en dirons que quelques mots (2).

(1) Cl. Bernard, *Influence de deux ordres de nerfs qui déterminent les variations de couleur du sang veineux dans les glandes.* Compt. rend. de l'Inst. ; 9 août 1858.

(2) Consulter : Le Gendre, *Développement et structure du sys-*

La glande, réduite à sa plus simple expression, est un élément anatomique ayant soit la forme tubuleuse, soit la forme de cellule close ; la propriété de cet élément glanduleux est d'être le lieu de production de certains principes chimiques *figurés* (épithéliums, ferments, cellules propres du foie,) ou *non figurés;* dans ce dernier cas, c'est un liquide composé de principes immédiats spéciaux qui prennent naissance au moment même du passage du plasma du sang au travers de la paroi qui est l'élément anatomique glandulaire lui-même.

Ces produits, figurés ou non, se forment spontanément dans les végétaux et dans les animaux; leur seule condition d'existence c'est l'élément glandulaire, mais ils n'ont nullement besoin de la présence d'un système nerveux pour naître et se développer : chez les animaux, le système nerveux ne fait que régler leur sortie du lieu où ils se sont formés , tandis que chez les végétaux c'est l'influence solaire qui règle ce même mouvement.

Les principes immédiats une fois formés, nous verrons, dans la deuxième partie de cette thèse, chapitre II, que sous l'influence nerveuse ils sortiront soit modifiés par endosmo-exosmose, comme cela arrive pour les cellules propres du

tème glandulaire, p. 35. Thèse pour l'agrégation. Paris, 1856. — Liégeois, *Anatomie et physiologie des glandes vasculaires sanguines.* Thèse pour l'agrégation. Paris, 1860.

foie, soit expulsés de toute pièce de l'élément glanduleux même qui les a produits (sécrétion salivaire, gastrique, pancréatique; sécrétion des glandes à venin, et même expulsion des germes qui servent à la reproduction de l'espèce.)

Quant aux produits excrémentitiels, ils existent tout formés dans le sang, et le lieu de leur sortie est seul spécialisé; ainsi, les produits acides dissous sortent par les tubes du rein, de la peau, de l'estomac; les produits alcalins sortent par les glandes de la bouche, de l'intestin grêle; notons toutefois en passant que les humeurs normalement alcalines sont presque toutes récrémentitielles; les produits hydrocarbonés dissous sortent par les conduits biliaires ; et les produits, gazeux ou susceptibles de s'évaporer, sortent par les tubes respiratoires. Tous ces principes immédiats sont cristallisables sans décomposition et se forment dans l'organisme, ce qui a conduit M. le professeur Robin à en faire sa deuxième classe de principes immédiats (1).

Ainsi, dans une glande, on trouve d'abord l'élément anatomique glandulaire fondamental, soit à l'état de tube simple ou rameux, soit à l'état de cellule close; puis on y trouve des éléments contractiles, enfin du tissu lamineux, des vaisseaux et des nerfs.

Or, on ne conçoit pas l'action d'un nerf mo-

(1) Robin et Verdeil, *Traité de chimie anatomique et physiologique*. Paris, 1853.

teur sur une substance autre que sur une fibre musculaire, et d'un autre côté, il est certain maintenant que les sécrétions sont dues à une action du système nerveux. Il faut donc admettre que, dans le phénomène des secrétions, il y a une action du nerf moteur sur une substance contractile ; et, en effet, nous venons de le dire, on trouve cette substance contractile dans les glandes.

Mais les actions réflexes du système nerveux qui dominent tous ces phénomènes produisent tantôt une contraction, tantôt un relâchement du muscle. La sécrétion sera-t-elle due à une action contractante ou à une action paralysante? Disons de suite que M. Cl. Bernard pense qu'elle est due à une action réflexe paralysante ; nous indiquerons dans la deuxième partie de cette thèse, chapitre II, quelles sont les raisons que les récentes expériences de ce physiologiste lui ont fournies à l'appui de sa théorie.

DU SANG.

Corpora non agunt, nisi sint soluta, dit un vieil adage que la science moderne peut encore accepter. Sans l'eau qui est la base de tous les liquides organiques, les phénomènes de la nature brute disparaissent, ceux de la vie s'anéantissent aussi.

Or, le sang, cette chair coulante, contient dissous tous les principes immédiats et tous les sels nouvellement absorbés et qui vont être puisés, à titre d'aliment, par les éléments histologiques; il contient, en outre, tous les principes qui, par oxydation, ont été rendus inaptes à faire partie de l'organisme; ce seraient là les excreta des éléments anatomiques.

Ce liquide organique est donc la condition *sine qua non* de la manifestation de tous les actes vitaux; il est l'organe mobile qui établit le lien entre le système nerveux dont il reçoit l'impulsion, et les actes de la nutrition et de l'innervation elle-même, qui en reçoit à son tour la stimulation convenable. C'est à tous ces titres que j'ai jugé à propos de lui donner une place ici.

Je ne m'occuperai pas toutefois du sang au point de vue des principes immédiats qui le constituent, je me contenterai de mentionner les globules qui y sont suspendus et sa température.

Le sang, chez les animaux dits à sang chaud (oiseaux, mammifères), a une *température invariable*, ce qui permet à ces animaux de vivre sous toutes les latitudes; cela suppose chez eux un ensemble d'appareils et de fonctions suffisamment perfectionnés pour dégager l'individu de la température du milieu extérieur, en maintenant sa température fixe et indépendante; et cette perfection est toujours corrélative avec celle du système nerveux pris dans son ensemble (1).

Les globules du sang ou *hématies* représentent de véritables agents chimiques flottants et isolés, libres et indépendants du système nerveux. Je les comparerais, si je l'osais, à ces autres cellules organiques isolées elles aussi, mais constituant des organismes complets : je veux parler de ces êtres microscopiques dont M. Pasteur a dans ces derniers temps dévoilé les immenses fonctions dans la nature (2). Je sens déjà le vice de cette comparaison ; car, tandis que cette poussière vivante vit de l'oxygène emprunté aux substances organiques au sein desquelles elle se dépose, et produit ainsi des fermentations et des putréfactions, le globule du sang, au contraire, apporte l'oxygène dans les profondeurs des tissus, l'abandonne aux substances au milieu desquelles il chemine et produit ainsi les combustions lentes mais réelles qui caractérisent la nutrition proprement dite, et ce sont les produits de cette combustion qui sont rejetés par les excrétions.

Une fois dépouillés de leur oxygène, ils sont emportés de nouveau vers le poumon, et là, grâce aux rapports qu'ils ont avec le milieu cosmique général, ils se rechargent encore du principe indispensable à la vie pour revenir le pré-

(1) Cl. Bernard, *Recherches expérimentales sur la température animale*. Compt. rend. de l'Acad. des sciences ; 18 août 1856.

(2) Pasteur, *Vues nouvelles sur les fermentations, considérées dans leurs rapports avec la biologie*. Paris, 1858.

senter aux éléments anatomiques. Ces petits organes jouent donc dans l'organisme un rôle considérable, puisqu'ils sont les uniques intermédiaires entre l'air extérieur et les plus petites particules de nos tissus, c'est bien ici qu'on pourrait s'écrier avec Linné : *Natura maxime miranda in minimis*. Dans ce mouvement incessant d'échange, le milieu cosmique général fournit tout, et tout lui revient après avoir servi à la vie; il joue en quelque sorte le rôle d'un réservoir commun d'où tout part et où tout revient.

DEUXIÈME PARTIE

MODE D'ACTION DU SYSTÈME NERVEUX

DANS LES PHÉNOMÈNES PHYSICO-CHIMIQUES

DE LA VIE DE NUTRITION

« Le problème que se posent le physiologiste et le médecin expérimentateur n'est point de remonter à la cause première de la vie, mais seulement d'arriver à la connaissance de ces conditions physico-chimiques déterminantes de l'activité vitale. »

(CL. BERNARD, *Du progrès dans les sciences physiologiques*, p. 612; *Revue des Deux-Mondes* 1er août 1865.)

Le mouvement du sang, tel que l'a décrit Harvey, peut s'expliquer en entier par l'influence d'une cause unique, la contraction du cœur. Mais, lorsqu'on approfondit davantage l'étude des phénomènes physiologiques, on s'aperçoit bien vite que cette force unique ne suffit pas pour tout expliquer. De tout temps, en effet, on a observé que le sang se distribue d'une manière inégale dans les différents points du corps; que tantôt il semble abandonner une région limitée, qui devient alors pâle, froide, exsangue, et pour ainsi dire émaciée subitement; tandis que d'autres fois le sang afflue à une région qu'on voit, sous cette influence, se gonfler, rougir et devenir plus chaude que d'ordinaire. Ces variations dans les circulations locales ne pouvaient plus s'expliquer par la seule force du cœur; il était évident qu'une contraction de cet organe ne pouvait donner au cours du sang une direction particulière et envoyer ce liquide plus abondamment à un organe qu'à un autre (1).

Pour expliquer ces faits, on imagina des êtres de raison, des forces spéciales, qui poussaient le sang dans telle ou telle direction. C'étaient des *forces congestives*, décorées des noms de *raptus sanguinis*, *molimen hemorrhagicum*, etc, etc : une congestion se faisait-elle autour d'un point traumatiquement lésé, on supposait là une force nouvelle, *un appel* du sang. Quand un organe fonctionne, quand un organe sécrète, il y a là un état de congestion qu'on expliquait par une *activité locale* de la glande (2).

A toutes ces forces imaginaires, à toutes ces explications qui n'expliquent rien, tend à se substituer la théorie des nerfs vaso-moteurs, théorie qui met la puissance active à l'autre bout du système sanguin, c'est-à-dire dans les capillaires eux-mêmes; dès lors le cœur est menacé dans sa royauté absolue, et les capillaires tendent à pren-

(1) Marey, *Circulation du sang*, p. 14.
(2) Bordeu, *Œuvres complètes*, t. I, p. 161. Paris, 1818.

dre une certaine autonomie. En effet, que si une contraction énergique des capillaires fait un grand obstacle à la circulation du sang dans les organes, le cœur ralentit ses battements; réciproquement, que si le relâchement de ces mêmes vaisseaux laisse passer le sang avec facilité à travers les tissus, les battements du cœur, s'accélèrent.

On voit donc que la contractilité des petits vaisseaux, n'est pas seulement le régulateur de la circulation périphérique, elle étend son empire jusque sur le cœur lui-même. De là, des vues nouvelles sur les conditions qui règlent les mouvements du pouls, dont M. le docteur Marey s'est occupé avec tant de succès (1).

D'où encore une théorie nouvelle des congestions, de la fièvre, de l'algidité, de la chaleur animale etc., etc, c'est-à-dire des plus grands phénomènes de la pathologie.

Cette théorie s'étend même sur une nouvelle manière d'interpréter la nutrition et les sécrétions, c'est-à-dire les phénomènes les plus intéressants de la physiologie.

Je grouperai tous ces phénomènes sous les deux titres suivants :

1° Exposé des actes nerveux avec manifestations physiques,

2° Exposé des actes nerveux avec manifestations chimiques.

(1) Marey, *Circulation du sang*, p 17

CHAPITRE PREMIER

EXPOSÉ DES ACTES NERVEUX AVEC MANIFESTATIONS PHYSIQUES.

Etant établi que les capillaires se contractent ou se relâchent sous une influence nerveuse, il ne reste plus qu'à exposer les effets visibles ou manifestations de ces deux états dans une région limitée et accessible à l'observation.

Plus les vaisseaux d'une région sont dilatés, plus cette région est colorée, volumineuse et chaude; réciproquement, si ces mêmes vaisseaux se contractent, il y aura pâleur, diminution de volume et abaissement de la température de la région. Ces signes peuvent servir de critérium pour juger de l'état de la circulation en un point donné.

Quant à la couleur plus ou moins rouge des tissus, il est évident qu'elle est due au plus ou moins de sang qui les traverse; c'est ce qu'on voit quand, sous l'influence d'une émotion, la face rougit ou pâlit.

Les sensations de chaud ou de froid s'expliquent absolument de la même manière.

Le volume d'une partie varie également avec l'état de ses vaisseaux; leur dilatation ou leur resserrement doit amener le gonflement ou l'amaigrissement d'une région.

Je vais donc examiner successivement les *effets dus au resserrement des capillaires*, effets que je résume en un mot, l'algidité. Puis j'étudierai *les effets de la dilatation des capillaires* (congestion, chaleur, rougeur, fièvre, inflammation).

L'*algidité* est due à la contraction excessive des capillaires. Voici quels sont ses symptômes : les extrémités sont froides, la peau décolorée, les traits amaigris, la face grippée ; les doigts s'effilent, à ce point que quelquefois les bagues tombent d'elles-mêmes ; le pouls est petit ; sa fréquence est tantôt plus grande et tantôt diminuée.

C'est ce qu'on voit au moment de la mort, quand les battements du cœur s'arrêtent, les artères et les capillaires se contractent et se vident dans le système veineux, d'où la *pâleur* des tissus, pâleur qui se répand sur la face et sur tout le corps, et qui marque l'instant précis de la mort (1) ; en ce moment, on observe la dilatation de la pupille ; or, ces deux phénomènes sont dus à la même cause : la contraction des capillaires (2).

(1) Bouchut, *Traité des signes de la mort, et des moyens de prévenir les enterrements prématurés*. Paris, 1849.

(2) Consulter : Brown-Séquard, *Du resserrement et de la dilatation de la pupille, produits par la chaleur et le froid*. Compt. rend. de la Société de biologie, p. 115 ; 1840.

Cl. Bernard, *Système nerveux*, t. II, p. 224. Je lis : « La nature des mouvements de la pupille est encore entourée aujourd'hui de la plus grande obscurité ; quelques auteurs regardent le tissu

Cet état algide se remarque encore dans le *rigor* des fièvres intermittentes.

Voici comment s'expriment les auteurs du *Compendium* en parlant de l'algidité des fièvres pernicieuses ; outre les symptômes de pâleur, d'amaigrissement et de refroidissement des tissus, « le pouls se ralentit, devient rare, fuit sous le doigt et disparaît (1). » Le sang est, par suite, refoulé dans les organes intérieurs en commençant par la rate, le grand diverticulum de la circulation ; le foie, le poumon se congestionnent aussi ; d'où, comme conséquences nécessaires, ces anxiétés de la période de froid d'un accès de fièvre intermittente ; d'où encore ces hémorrhagies internes et entr'autres, la plus fréquente, l'hémoptysie.

Je signalerai encore comme conséquence du refoulement du sang vers les parties profondes, l'*élévation de température des cavités internes* (2). Mais, en vertu d'une loi qu'a énoncée Henle : « Les fibres des vaisseaux, comme celles de tous les muscles organiques, ne peuvent se contracter

de l'iris comme musculaire, les autres pensant qu'il est constitué, non par des muscles, mais par un tissu vasculaire érectile. L'action du grand sympathique sur la pupille, c'est-à-dire d'un nerf qui agit spécialement sur les vaisseaux, serait d'accord avec cette dernière opinion. »

(1) *Compendium de médecine pratique*, t. V, p. 337.

(2) Gavarret, *Recherches sur la température du corps dans les fièvres intermittentes* (Journal *l'Expérience*, 11 juillet 1839).

qu'à la condition de se relâcher ensuite (1). » L'ordre de succession entre les deux états : algidité et fièvre, en est une parfaite confirmation.

J'arrive aux manifestations physiques de la dilatation des capillaires sous l'influence nerveuse.

Ici encore nous trouvons que l'influence nerveuse s'exerce au plus haut degré ; dès qu'elle cesse, nous voyons les capillaires se dilater, le sang y afflue, et la température s'élève ; tout cela pourrait se résumer par les mots de congestion, rougeur, chaleur, et même fièvre et inflammation.

Parmi les effets qui sont physiologiques, je citerai cette *congestion normale* qui a lieu vers la peau dans les saisons chaudes, ou sous l'influence de la digestion, ou encore pendant l'exercice qui active toutes les actions chimiques ; dans tous ces cas, la température du sang tend à s'élever, et nous avons vu que sa température doit être fixe et invariable ; il faut donc, pour que cette fixité existe, que le sang perde alors le calorique qu'il a en excès ; et n'est-il pas admirable de voir la cause qui tendrait à faire varier sa température devenir, grâce à la contractilité des capillaires, la cause même qui va rétablir son équilibre.

Et, en effet, la chaleur fait dilater les vaisseaux,

(1) Henle. *Anatomie générale*, t. II, p. 54. Trad. par Jourdan. Paris, 1843.

le sang échauffé agit absolument de la même manière; dès lors la circulation périphérique s'active, la déperdition de calorique en est la conséquence, et le refroidissement pourra être augmenté encore par l'évaporation de la sueur dont la sortie est commandée précisément dans ces circonstances; nous reviendrons sur ce sujet à propos de l'influence du système nerveux sur les sécrétions.

Mêmes observations à faire pour la *fièvre*, état caractérisé par l'accélération du pouls et l'augmentation de la chaleur animale.

M. Cl. Bernard raconte dans ses leçons que, voulant observer pour la première fois l'influence du grand sympathique du cou sur la chaleur, il s'attendait, après la section de ce nerf, à trouver la température de la région abaissée, et qu'il fût très-étonné de constater le contraire. En effet, rien n'était plus opposé aux idées courantes que de voir la turgescence des tissus, leur échauffement, la rapidité de la circulation, être la suite d'une paralysie nerveuse, c'est-à-dire d'une diminution des propriétés vitales. Cela ressemble à un paradoxe, et c'est pourtant la conséquence rigoureuse de cette expérience fondamentale et de tous les travaux qu'elle a déterminés à sa suite.

En touchant la peau d'un fébricitant, on constate qu'elle est brûlante; il y a là une augmentation considérable dans la température. Si on mesure avec le thermomètre la chaleur dans l'aiselle ou dans les cavités internes, on voit que la température s'y est accrue tout au plus de quelques degrés. Le grand accroissement qu'elle a pris à la périphérie tient donc à la circulation plus active qui s'y fait ; de même qu'après la section du grand sympathique les parties animées par ce nerf s'échauffent à cause de leur plus grande vascularité. En un mot, il s'est fait un nivellement : les parties extérieures se sont rapprochées de la température des parties internes. Quant à l'accroissement de la chaleur dans ces parties internes, il est réel et dû probablement à la même cause.

M. Cl. Bernard a vu que, dans les régions où les vaisseaux sont paralysés, il se produit plus de chaleur (1) ; c'est à cette dilatation qu'est due la sensation de battements dans les temporales, si commune chez les malades.

La fièvre ainsi considérée n'est donc pas un phénomène de suractivité, mais, au contraire, un signe de relâchement général des capillaires ; de là l'explication de la fréquence et de la ténacité des inflammations chez les scrofuleux et dans tous les états diathésiques et cachectiques caractérisés par un vice radical dans la composition du sang.

On voit donc qu'il n'y a rien, dans la *chaleur*

(1) Cl. Bernard, *Recherches expérimentales sur les nerfs vasculaires et calorifiques du grand sympathique*. Compt. rend. de l'Acad. des sciences, 4 et 18 août 1862.

fébrile, que l'on ne puisse expliquer par le relâchement des vaisseaux capillaires.

Quant à la *rougeur des tissus*, elle est encore plus facilement expliquée. Elle est due uniquement à la réplétion des vaisseaux, réplétion qui suppose leur relâchement. Elle est exactement comparable à la rougeur d'un organe congestionné et à celle qu'on produit sur l'oreille des lapins par la section du grand sympathique.

L'*inflammation* elle-même, caractérisée par les symptômes classiques : rougeur, chaleur tuméfaction et douleurs ; cette inflammation n'est pas autre chose que l'effet d'une congestion persistante, conséquence elle-même de la paralysie des nerfs vaso-moteurs de la partie enflammée ; aujourd'hui il est bien avéré que la section du grand sympathique entraîne la paralysie des vaisseaux qu'il anime, et par suite la congestion, l'inflammation, etc., etc. Magendie, qui n'admettait pas la contractilité des vaisseaux, a contribué des premiers à démontrer l'influence énorme que cette contractilité avait dans l'économie. Il fit voir qu'en coupant les nerfs pneumogastriques, il s'ensuivait une congestion des poumons semblable à celle de l'engouement pneumonique. En coupant le trijumeau, il créait des désordres du même genre à l'œil et à tout l'arbre muqueux de la face ; seulement, cet habile expérimentateur attribuait tous ces effets à des altérations de nutrition (1).

On sait parfaitement maintenant que le pneumogastrique et le trijumeau renferment les filets vaso-moteurs des poumons et de la face, que leur section amène la paralysie des capillaires auxquels ils se distribuent, et de là l'inflammation des organes correspondants. C'est l'honneur, en physiologie, des expériences bien faites de conduire quelquefois à des conclusions tout à fait indépendantes des théories de leur auteur et quelquefois radicalement opposées.

L'influence des nerfs vaso-moteurs sur les congestions et les inflammations, a été mise en lumière par M. Claude Bernard : « A la suite de certaines opérations sur les nerfs, on voit le pus se former dans différents organes ; c'est le sympathique qui est l'agent de cette production... Que la section du sympathique soit pratiquée sur un animal faible, on observera d'un seul côté, celui où a été pratiquée l'opération, une suppuration des muqueuses de la tête tellement abondante que l'animal en mourra presque toujours... J'ai observé la même chose dans les cavités abdominale et thoracique, lorsque j'ai détruit quelque partie du grand sympathique » (2).

De même, la section des nerfs du rein a amené

(1) Magendie, *Mémoire sur quelques découvertes récentes relativement aux fonctions du système nerveux*. Paris. 1823.

(2) Cl. Bernard, *Liquides de l'organisme*, t. II, p. 424.

la fonte purulente de cet organe, et c'est par la congestion que le mal a commencé. « Chez le lapin à jeun, on constata qu'après la section des nerfs rénaux, le tissu du rein rutilant était animé de battements » (1).

Il est donc bien démontré que les nerfs vaso-moteurs ont une influence sur les phénomènes physiques de la nutrition : leur paralysie amène la congestion, leur excitation la fait cesser ; leur destruction détermine la suppuration.

Passons maintenant à l'exposé de l'influence du système nerveux sur les phénomènes chimiques de la vie de nutrition.

CHAPITRE II

EXPOSÉ DES ACTES NERVEUX AVEC MANIFESTATIONS CHIMIQUES.

Il s'agit dans ce chapitre d'indiquer le lien qui existe entre l'action nerveuse et le jeu de la nutrition et des sécrétions, lesquelles sécrétions doivent à leur tour développer leurs propriétés chimiques sur des substances variées et dans un milieu liquide spécial à chacune d'elles.

Les principales manifestations chimiques de

(1) Cl. Bernard, *Liquides de l'organisme*. t. II, p. 163.

l'économie se montrent, soit dans la formation spontanée d'éléments anatomiques qui créent de toutes pièces ce que nous appelons des *principes immédiats ;* ces éléments anatomiques sont les parcelles vivantes constituant tout organisme (fibres nerveuse, musculaire, lamineuse ; cellules glycogènes, hématies, leucocytes, etc.), soit dans l'apparition de produits qui sortent de leur lieu d'origine, d'où ils sont balayés par des liquides ; c'est ce qu'on appelle des *produits de sécrétion.*

Mais dans les sécrétions il y a deux points de vue qu'il ne faut pas confondre ni faire marcher de front, savoir :

1° La génération d'éléments anatomiques, créant de toute pièce une substance spéciale qui a une action catalytique ; cet élément anatomique, c'est l'épithélium glandulaire dont la substance, par son seul contact, agit à la manière des ferments ; ce sont, en effet, les *ferments* indispensables à la vie individuelle.

2° Il y a encore la sortie de ces ferments, leur transport au delà de leur lieu d'origine jusqu'à l'endroit où ils doivent se trouver en présence avec les substances à modifier ; c'est la *sécrétion* proprement dite.

Il était utile d'établir tout d'abord ces deux particularités de toute sécrétion, parce que, comme nous allons le montrer, la génération des produits ne dépend nullement de l'action nerveuse, leur expulsion seule est soumise à l'action dynamique.

Mais nous avons dit plus haut que le système nerveux vaso-moteur n'avait qu'un mode de se manifester, un seul mode d'agir, c'est par contraction ou par relâchement des vaisseaux capillaires, entraînant comme conséquences : le repos de la glande dans le premier cas, son activité dans le second.

Étudions donc succcessivement ce qui arrive : 1° pendant le repos de la glande ; 2° pendant son action.

Les glandes sont dites *en repos* quand elles ne versent pas leurs produits au dehors ; et cet état est en rapport avec le resserrement des vaisseaux capillaires sous l'influence du grand sympathique ; à ce moment donc, le sang y arrive en moins grande quantité et plus lentement, c'est l'instant de la formation des *épithéliums* qui naissent par segmentation des principes liquides que le tube glandulaire a versés dans sa cavité même. Le repos de la glande n'est qu'apparent, on ferait mieux de dire que c'est le moment où elle cesse de fonctionner pour l'harmonie de l'organisme ; à ce moment elle se répare elle-même et prépare en silence de nouveaux produits qui vont être prêts à partir quand la fonction le commandera, et cette fonction est précisément l'état d'activité de la glande, activité soumise essentiellement à l'influence nerveuse, comme nous allons le montrer dans un moment; tandis que, on le voit, la formation des épithéliums n'a rien à faire avec la puissance nerveuse; ces cellules épithéliales créent des principes immédiats qui sont : ici la *matière glycogène*, là la *ptyaline*, ailleurs la *pepsine*, la *pancréatine*, etc., etc.

L'agent spécial de la sécrétion se forme donc dans le cul-de-sac glandulaire lui-même, ou dans des cellules closes, mais toujours *en dehors de l'intervention nerveuse;* et la preuve que l'influence nerveuse est ici inutile, c'est que la cellule d'amidon, qui apparaît dans le foie se forme également chez les végétaux, ainsi que dans la vésicule allantoïdienne des jeunes embryons, alors qu'il n'y a pas encore trace de système nerveux (1); ce n'est que plus tard, dans les animaux, que le lieu de sa formation quittera le placenta pour se concentrer dans le foie, où elle est alors définitivement installée.

Les principes chimiques sont donc sous la forme de cellules (2) au fond même des culs-de-sac glandulaires, par conséquent préexistants à la sécrétion qui ne sera qu'une espèce de balayage de ces produits par un courant liquide qui pleut du fond même de chaque cul-de-sac.

(1) Cl. Bernard, *De la matière glycogène considérée comme condition de développement de certains tissus, chez le fœtus, avant l'apparition de la fonction glycogénique du foie ;* 4 avril 1859.

Sur une nouvelle fonction du placenta ; 10 janvier 1859.

(2) Le Gendre, *Développement et structure du système glandulaire*, p. 47. Thèse d'agrégation. Paris, 1856.

Aussi on peut se procurer ces ferments artificiellement en les faisant sortir d'une glande salivaire ou pancréatique, ou d'une muqueuse gastrique par un lavage suffisant avec de l'eau, ou par une infusion suffisamment prolongée.

L'alcool précipitera le ferment, et, après l'avoir recueilli sur un filtre, et l'avoir dissous dans l'eau, on pourra l'obtenir parfaitement libre, en enlevant le liquide par évaporation dans le vide et à une température assez basse pour éviter d'altérer le ferment.

Maintenus ainsi au sec et à l'abri de la chaleur, les ferments pourront se conserver assez longtemps sans perdre leur force catalytique, dont la puissance se réveillera dès que ces ferments se trouveront dans un liquide convenable par sa composition et d'une température suffisamment élevée, absolument comme cela arrive pour ces animaux et ces végétaux microscopiques qui sont les ferments des putréfactions et des fermentations.

Les ferments des glandes ne font éprouver aux principes immédiats qu'une modification *isomérique;* cette modification rend solubles, et conséquemment endosmotiques, des principes immédiats jusqu'alors insolubles sous les noms d'amidon, de muscle, de graisse, etc., etc.

La glande en repos vient de créer l'*élément chimique* sans intervention du système nerveux; voyons maintenant ce qui va arriver quand le système nerveux va permettre aux capillaires de se dilater : la glande va entrer en fonction, c'est ce qu'on appelle l'*activité des glandes, la sécrétion proprement dite*, ou mieux, *le fait mécanique de la sécrétion.*

Dès que le grand sympathique va cesser son action tonique sur les fibres contractiles des vaisseaux, les capillaires vont se dilater, d'où afflux du sang dans les capillaires à une seule paroi; celle-ci permet le passage endosmotique du plasma qui s'épanche autour des culs-de-sac glandulaires et les traverse à leur tour, refoulant ainsi devant lui les éléments épithéliaux qui remplissent ces culs-de-sac; c'est là le fait même de la *sécrétion.*

On voit alors sortir par les conduits de la glande un liquide contenant dissous les principes immédiats du sang, et tenant en suspension les éléments anatomiques qui sont les vrais principes actifs du liquide qui s'écoule.

Résumons-nous en disant :

1° Toutes les sécrétions sont sous la dépendance des nerfs vaso-moteurs, non pas que ces nerfs interviennent directement dans les phénomènes chimiques et vitaux de la sécrétion; mais leur action sur la circulation de l'organe suffit pour modifier la sécrétion, tantôt en l'augmentant, tantôt en la diminuant. C'est dans cette action purement mécanique qu'il faut chercher l'explication des perturbations en plus ou en moins qu'éprouvent les sécrétions.

2° Le système nerveux ne crée pas les éléments chimiques de l'organisme; mais il les met en mouvement par action indirecte; il leur permet dès lors d'arriver dans les endroits où ces éléments doivent exercer leur puissance digestive (*ferments digestifs*), ou leur puissance funeste (*venins*).

3° Le système nerveux n'est donc que la condition déterminante de la sécrétion; il agit mécaniquement et non chimiquement.

4° Le produit spécial de la sécrétion se forme directement dans la glande elle-même; mais le liquide qui le dissout ou qui le tient suspendu vient directement du sang au moment même de la sortie des liquides par les conduits sécréteurs.

5° Le système nerveux n'a donc pas d'action directe sur les phénomènes chimiques; et voir autre chose qu'une influence mécanique dans l'action du système nerveux sur les sécrétions serait une erreur.

Telle est la suite de propositions qui résument les nombreuses expériences faites par le professeur Claude Bernard, et dont il a publié les mémoires à l'Académie des sciences.

On pourra voir, d'après les citations bibliographiques qui sont au bas de la page 49, quels sont les textes qui m'ont servi de documents (1).

Dans les glandes vasculaires sanguines, et je prends le foie en particulier, la *substance glycogène* est déposée à l'état insoluble dans les cellules propres du foie. Or, au moment de la fonctionnalité de cet organe, le sang pénètre les capillaires de la première variété, et son plasma, chargé d'un principe diastasique spécial, transsude et transforme la matière glycogène en dextrine, et puis en sucre, qu'on retrouve dans les veines sus-hépathiques (2). Cette action chimique n'est donc au fond qu'une action de contact entre les molécules des corps doués de propriétés différentes. Mais il ne faudrait pas s'imaginer que le grand sympathique produit, en quoique ce soit, ces phénomènes ; son rôle se borne uniquement à mettre en présence les éléments capables d'en provoquer la manifestation.

Ainsi, ce n'est pas lui qui produit le sucre ; il

(1) Cl. Bernard, *Des variations de couleur dans le sang veineux des organes glandulaires suivant leur état de fonction ou de repos* ; 25 janvier 1858.

Influence de deux ordres de nerfs qui déterminent les variations de couleur du sang veineux dans les glandes ; 9 août 1858.

Sur la quantité d'oxygène que contient le sang veineux des organes glandulaires à l'etat de fonction ou à l'état de repos ; 6 septembre 1858.

Recherches expérimentales sur les ganglions du grand sympathique ; 25 août 1862.

Mécanisme de la formation du sucre dans le foie. Compt. rend. de l'Acad. des sciences ; 24 septembre 1855.

Théorie de la glycogénie ; 1848.

Liégeois, *Anatomie et physiologie des glandes vasculaires sanguines*, p. 49. Thèse d'agrégation ; 1860.

ne crée pas la diastase; il n'est point la source de la chaleur animale, et n'entretient point la composition du sang; il ne forme même pas la matière glycogène dans les cellules du foie. Mais, grâce au mécanisme exposé plus haut, il met en contact le sang avec la matière glycogène contenue dans le foie et formée par cet organe. C'est aux propriétés de ces corps (sang et matière glycogène) qu'il faut rapporter la production du phénomène. Cela est si vrai, qu'en opérant sur un animal malade dont le foie ne forme plus de substance glycogène, on aura beau paralyser ou détruire le grand sympathique et laisser un libre accès au sang, on ne parviendra jamais à produire la plus petite parcelle de sucre. Et ici nous ne pouvons qu'admirer l'heureux instinct qui a invité les premiers praticiens à donner aux malades des boissons sucrées.

Le rôle du système nerveux dans les phénomènes chimiques de l'organisme ressemble donc au rôle d'un chimiste. Quand ce dernier réunit de la potasse et de l'acide sulfurique, le sel qui se forme est une conséquence des propriétés des deux corps; mais le chimiste n'entre pour rien dans les causes du phénomène : il a rapproché les éléments, et voilà tout. Eh bien, le grand sympathique ne fait aussi que rapprocher des substances venues de points divers, et ce sont les réactions mutuelles de ces substances qui produisent véritablement la sécrétion.

Tout ce que je viens de dire pour les sécrétions

est vrai aussi pour le phénomène de l'ovulation. La ponte est bien sous l'influence du système nerveux, mais il n'en est plus de même de l'apparition, de la formation de l'ovule, cette vésicule mystérieuse qui a déjà, dès sa naissance, tous les attributs de l'individualité, qui renferme en puissance une série d'évolutions si complexes, et qui n'attend, pour entrer en action, qu'un milieu convenable, c'est-à-dire l'influence de certaines conditions purement physico-chimiques. Cette puissance de développement, Van Helmont la personnifiait sous le nom d'archée ouvrier (*archeus faber*); c'était la personnification de *l'idée* qui dirigeait l'évolution ; mais le médecin s'arrête au seuil du *pourquoi* des choses; car, ici, commence le domaine de la philosophie.

CONCLUSIONS

D'après ce que nous avons exposé dans cette thèse, nous pouvons conclure que le système nerveux est le grand régulateur à la fois des phénomènes physiques et des phénomènes chimiques de la nutrition ; mais il ne s'ensuit pas que système nerveux soit le siége du principe vital. C'est qu'en effet les propriétés vitales ou *forces vitales* ne sont pas l'attribut d'un organe, pas plus que d'un appareil ; mais elles sont l'apanage des éléments histologiques qui constituent les tissus; par conséquent la vie réside par tout le corps

(1) Van Helmont, *Ortus medicinæ, id est initia physicæ inaudita*. Amsterlodami, 1652.

humain, et n'est en définitive que la résultante de l'action de toutes ses parties élémentaires.

Voilà l'idée bien nette que nous donne la science moderne sur la constitution de l'organisme, et c'est cette idée qu'il faut transporter en physiologie, en pathologie, en thérapeutique pour en faire la base véritable de la médecine expérimentale.

Mais, si au lieu de considérer les éléments histologiques, nous jetons un coup d'œil sur les appareils dans leurs relations réciproques, nous voyons que la vie étant un équilibre mobile entre des fonctions qui s'enchaînent et se balancent, on ne peut concevoir un excès dans cet équilibre, mais seulement une série d'oscillations qui, tant qu'elles sont renfermées dans des limites étroites, constituent la *santé*, au delà de ces limites entraînent la maladie, et après la rupture définitive de cet équilibre, la *mort*.

Telle est, je crois, l'idée simple et rationnelle qu'on peut se faire de ces hautes questions, en dehors de toute doctrine médicale et métaphysique, et en restant sur le terrain solide de la physiologie.

Quant à l'*essence de la vie*, nous l'ignorons, mais nous n'en réglons pas moins les phénomènes vitaux, dès que nous connaissons suffisamment leurs conditions d'existence. De même nous ignorons l'essence du feu, de l'électricité, de la lumière, et cependant nous en réglons les phénomènes à notre profit.

Paris — A. PARENT, imprimeur de la Faculté de Médecine, rue Monsieur le Prince, 31

www.ingramcontent.com/pod-product-compliance
Ingram Content Group UK Ltd.
Pitfield, Milton Keynes, MK11 3LW, UK
UKHW020356220726
13923UKWH00004B/1643